Inge Walz

Geknotet & geknüpft

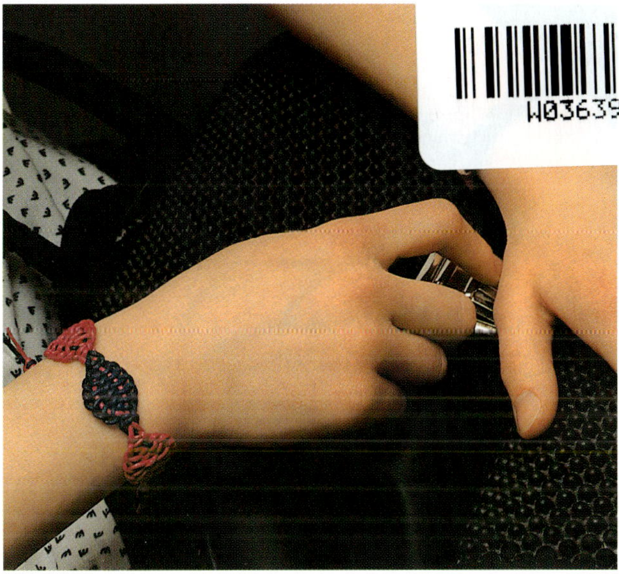

Freundschaftsbänder und Hair-Wraps

frechverlag

Abbildung Seite 1:

Zweifarbiges Band

Dieses Band sieht auf beiden Seiten gleich aus!

Je zwei blaue und bordeauxfarbene Textil- oder Lederbänder, ø 1 mm

1. Alle Fäden mit einem Überhandknoten zusammenfassen und 6–7 cm Rundkordel flechten.
2. Einen Feigenknoten aus zwei blauen Knüpf- und zwei bordeauxfarbenen Leitfäden ausführen (7 x schlingen).
3. Nun werden die Fäden ausgetauscht. Mit den bordeauxfarbenen Knüpffäden wird über zwei blaue Leitfäden ein weiterer Feigenknoten gearbeitet.
4. Drei weitere Feigenknoten im Farbwechsel knüpfen.
5. Mit Rundkordel und Überhandknoten abschließen.

Band mit braunen Holzoliven

Je zwei schwarze und bordeauxfarbene Textil- oder Lederbänder, ø 1 mm
Fünf braune Holzoliven, 8 mm lang

1. Alle Fäden mit einem Überhandknoten zusammenfassen. 7 cm Rundkordel flechten.
2. Einen Weberknoten aus zwei bordeauxfarbenen Knüpf- und zwei schwarzen Leitfäden ausführen. Jeweils mit dem äußeren bordeauxfarbenen Knüpffaden über die schwarzen Leitfäden drei Schlingenknoten gegenseitig fertigen. Mit einem Weberknoten wieder verbinden.
3. Alle Fäden durch eine Holzolive ziehen.
4. Nun wird mit den schwarzen Fäden als Knüpffäden und den bordeauxfarbenen Leitfäden ein Weberknoten, drei schwarze Schlingenknoten gegenseitig und wieder ein Weberknoten gearbeitet. Alle Fäden durch eine Olive ziehen.
5. Punkt 2, 3 und 4 zweimal wiederholen, bei der zweiten Wiederholung die Olive weglassen.
6. 7 cm Rundkordel flechten und mit einem Überhandknoten abschließen.

Fotos: frechverlag GmbH + Co. Druck KG, 70499 Stuttgart; Fotostudio Ullrich & Co., Renningen; Birgitt Gutermuth

Auflage: 5. 4. 3. 2. | Letzte Zahlen
Jahr: 2000 1999 98 97 96 | maßgebend

frechverlag GmbH + Co. Druck KG, 70499 Stuttgart
ISBN 3-7724-2139-3 · Best.-Nr. 2139
Druck: frechverlag GmbH + Co. Druck KG, 70499 Stuttgart

Freundschaftsbande knüpfen – mit den Freundschaftsbändern aus dem vorliegenden Buch geht das ganz leicht. Es gibt viele neue Vorschläge und zu einigen Bändern gleich die passenden Hair-Wraps – echt stark! Selbstverständlich können alle Modelle in Form und Farbe variiert und passend zu den eigenen Kleidungsstücken nachgearbeitet werden.

Die Anleitungen beziehen sich in der Regel auf Bänder oder Schnüre mit einer Länge von einem Meter, da die Textil- und Lederbänder meist meterweise zugeschnitten gekauft werden können. Aus den Resten lassen sich flotte Anhänger für Mäppchen oder Taschen, Schlüsselanhänger oder kleine Schmuckteile für passende Halsketten herstellen.

Sämtliche Bänder werden in Makrameetechnik geknüpft und sind meist beidseitig tragbar. Zu jedem Band läßt sich in den entsprechenden Farben mit passenden Perlen etc. ein Hair-Wrap anfertigen, auch wenn nur bei einigen Bändern eine Anleitung gegeben wird. Die Länge des Hair-Wraps sollte der jeweiligen Haarlänge angepaßt werden. Als Abschluß eignen sich ein Überhandknoten, angeknüpfte Perlen, Oliven oder Federn.

Viel Spaß beim Knüpfen und Experimentieren!

Ihre
Inge Walz

1.

2.

3.

4.

5.

6.

7.

8.

9.

Kleine Knotenkunde

Zu allen Knoten gibt es Schritt-für-Schritt-Zeichnungen auf dem Vorlagenbogen. Einige Knoten werden im folgenden zusätzlich noch erklärt.

Wellenknoten

(aus zwei Knüpf- und mindestens einem Leitfaden)

Der rechte Knüpffaden wird quer über die beiden Leitfäden gelegt. Den linken Knüpffaden legen Sie über den querverlaufenden rechten Knüpffaden, ziehen ihn unter den beiden Leitfäden hindurch und führen ihn zwischen dem rechten Leitfaden und dem rechten Knüpffaden wieder nach vorn. Wiederholen.

Weberknoten

(aus einem Knüpf- und mindestens einem Leitfaden)

Ein Wellenknoten entspricht einem halben Weberknoten. Er wird mit dem rechten Knüpffaden begonnen. Die zweite Knotenhälfte wird wie die erste Hälfte – jedoch diesmal mit dem linken Knüpffaden – begonnen.

Kettknoten

(aus einem Knüpf- und einem Leitfaden)

Spannen Sie den rechten (linken) Faden als Leitfaden, und schlingen Sie den linken (rechten) Faden als Knüpffaden um diesen. Jetzt wird der linke Faden als Leitfaden gespannt und der rechte Faden herumgeschlungen. Knüpf- und Leitfaden wechseln ständig.

Schlingenknoten gegenseitig

(aus zwei Knüpf- und zwei Leitfäden, Zahl der Leitfäden: einer oder mehrere)

Der rechte Knüpffaden wird über den Leitfaden/die Leitfäden gelegt und durch die entstandene Öse gezogen. Anschließend legen Sie den Knüpffaden unter den Leitfaden/die Leitfäden und ziehen den Knüpffaden durch die entstandene Öse.

Rundkordel

(aus 4 Fäden bzw. 8, 12, 16 etc.)

1. Den linken Faden unter den beiden mittleren Fäden entlangführen und wieder über einen Faden zurücklegen.
2. Den rechten Faden unter die beiden mittleren Fäden nach links und wieder über einen Faden zurück nach rechts legen.
3. Den ersten Arbeitsschritt wiederholen.
4. Beliebig einmal von rechts, einmal von links weiterknüpfen und immer mit einem Überhandknoten enden.

Hinweis:

Wenn in den Anleitungen Rippenknoten genannt werden, handelt es sich grundsätzlich um waagrechte Rippenknoten. Auf senkrechte Rippenknoten wird ausdrücklich hingewiesen.

Senkrechte Rippenknoten

(aus je einem Leit- und einem Knüpffaden = 1 Knoten)

Der Knüpffaden wird unter den Leitfaden gelegt und pro Knoten zweimal um diesen geschlungen. Ausführung von links oder rechts möglich.

Waagrechte Rippenknoten

(aus einem Leit- und mehreren Knüpffäden)

Der Knüpffaden wird unter den Leitfaden gelegt und pro Knoten zweimal um diesen geschlungen.

Sie sehen folgende Bandabschlüsse auf Seite 3:

1. Wellenknoten mit Farbwechsel
2. Gedrehte Kordel
3. Flechten
4. Flechten
5. Rundkordel
6. Rundkordel
7. Weberknoten
8. Weberknoten mit Abstand nach jedem zweiten Knoten
9. Weberknoten mit Abstand nach jedem Knoten

Abbildung Seite 6/7:

Schmales lila-weißes Band

Zwei lila und zwei weiße gewachste Schnüre oder dünne Lederbänder

1. Nach ca. 15 cm einen Überhandknoten fertigen.
2. Fäden im Wechsel anordnen (von links nach rechts): weiß – lila – weiß – lila.
3. Mit dem linken Faden als Leitfaden drei Rippenknoten schräg nach rechts unten knüpfen. Dicht darunter die zweite Reihe arbeiten, dabei den Leitfaden der ersten Reihe mit anknoten (= jeweils drei Knoten). Beliebig fortfahren.
4. Den Überhandknoten lösen, beidseitig als Abschluß 6 cm Rundkordel flechten und wieder mit einem Überhandknoten fixieren.

Pinkfarbenes Band

Eine gelbe und drei pinkfarbene gewachste Schnüre oder dünne Lederbänder

Achtung: senkrechte Rippenknoten!

1. Nach ca. 15 cm einen Überhandknoten fertigen.
2. Fäden wie folgt anordnen: 1 x gelb – 3 x pink.
3. Mit dem gelben Knüpffaden über drei pinkfarbene Leitfäden drei senkrechte Rippenknoten ausführen. Immer von links nach rechts knüpfen. Die zweite, dritte und vierte Reihe besteht aus pinkfarbenen Rippenknoten. Die fünfte Reihe wieder aus gelben Knoten. Beliebig oft wiederholen.
4. Abschluß wie bei dem obigen Band, Punkt 4.

Abbildung Seite 6/7:

Schmales dreifarbiges Band

Je eine gelbe, pinkfarbene und lila gewachste Schnur oder dünne Lederbänder

Achtung: senkrechte Rippenknoten!

1. Nach ca. 15 cm einen Überhandknoten fertigen.
2. Fäden wie folgt anordnen: gelb – pink – lila.
3. Wieder von links nach rechts knüpfen. Mit der gelben Schnur über die pinkfarbene und die lila Schnur je einen Rippenknoten ausführen. Zweite Reihe: zwei pinkfarbene Rippenknoten. Dritte Reihe: zwei lila Rippenknoten. Beliebig oft wiederholen.
4. Abschluß wie bei dem vorangegangenen Band, jedoch die Bänder flechten.

Breites dreifarbiges Band

Je zwei gelbe, pinkfarbene und lila gewachste Schnüre oder dünne Lederbänder

Achtung: senkrechte Rippenknoten!

Dieses Band wird genauso wie das vorangegangene gearbeitet. Allerdings werden pro Farbe zwei Schnüre verwendet. Jede Reihe besteht aus fünf Rippenknoten.

Breites lila-weißes Band

Vier weiße und zwei lila gewachste Schnüre oder dünne Lederbänder

1. Nach ca. 15 cm einen Überhandknoten fertigen.
2. Die beiden lila Schnüre in der Mitte anordnen und aus beiden Schnüren einen Rippenknoten knüpfen. Mit diesen Fäden als Leitfäden schräg zu jeder Seite hin zwei weiße Rippenknoten fertigen. Zweite Reihe: Einen Rippenknoten aus den mittleren beiden Fäden ausführen und diese beiden Fäden als Leitfäden verwenden. Beliebig oft wiederholen.
3. Anfangsknoten lösen und beidseitig jeweils mit dem äußeren weißen Faden drei Schlingenknoten gegenseitig über einen weißen und einen lila Leitfaden ausführen, 6 cm flechten und mit einem Überhandknoten schließen.

Abbildung Seite 9:

Schwarz-weißes Band

Zwei Fäden schwarzes und je ein Faden weißes und graues Perlgarn

1. Alle Fäden nach ca. 13 cm mit einem Überhandknoten zusammenfassen.
2. Fäden von links nach rechts anordnen: weiß – grau – schwarz – schwarz.
3. Über den rechten schwarzen Faden als Leitfaden schräg nach links unten je einen schwarzen, grauen und weißen Rippenknoten fertigen. Die zweite bis vierte Reihe dicht darunter jeweils von rechts nach links knüpfen und dabei immer den Leitfaden der vorherigen Reihe an die nächste Reihe mit anknüpfen.

4. Nun den letzten weißen Leitfaden nach rechts legen und vier weitere Rippenknotenreihen dicht untereinander knüpfen. Dieses Muster (Punkt 3 und 4) ca. sechsmal wiederholen.

5. Abschluß: Den Überhandknoten lösen und beidseitig ca. 6–7 cm Rundkordel knüpfen, die mit einem Überhandknoten gesichert wird.

Sechsfarbiges Band

Je ein Faden Perlgarn in Gelb, Beige, Rost, Hellgrün, Schwarz und Dunkelgrün

1. Die Fäden nach ca. 12 cm mit einem Überhandknoten versehen. Fäden wie folgt anordnen: schwarz – dunkelgrün – hellgrün – gelb – beige – rost.

2. Über den schwarzen Faden als Leitfaden schräg nach rechts außen eine waagrechte Rippenknotenreihe ausführen. Drei weitere Reihen untereinander knüpfen. Mit dem letzten Leitfaden die Reihen von rechts nach links fortsetzen. Immer darauf achten, daß die Knoten dicht untereinanderliegen. Muster ca. sechsmal wiederholen.

3. Abschluß: Den Überhandknoten lösen und beidseitig aus je drei Fäden ein Band flechten, mit einem Überhandknoten abschließen.

Rotes Band

Sechs Fäden rotes Perlgarn

1. Alle Fäden nach ca. 12–13 cm mit einem Überhandknoten versehen, der vor Punkt 7 wieder gelöst wird.
2. Über den rechten Faden als Leitfaden schräg nach links unten fünf Rippenknoten ausführen. Die zweite Reihe ebenfalls von rechts nach links arbeiten, dicht unter die erste Reihe setzen, wieder fünf Rippenknoten fertigen, dabei den Leitfaden der ersten Reihe mit anknoten.
3. Mit den rechten vier Fäden einen Weberknoten ausführen.
4. Punkt 2 von links nach rechts wiederholen.
5. Mit den linken vier Fäden einen Weberknoten knüpfen.
6. Muster (Punkt 2 bis 5) ca. sechsmal wiederholen und mit zwei Rippenknotenreihen abschließen.
7. Abschluß: Beidseitig aus je drei Fäden einen Zopf von ca. 2 cm Länge flechten. Nun mit allen sechs Fäden weitere 6 cm flechten. Alle Fäden mit einem Überhandknoten versehen.

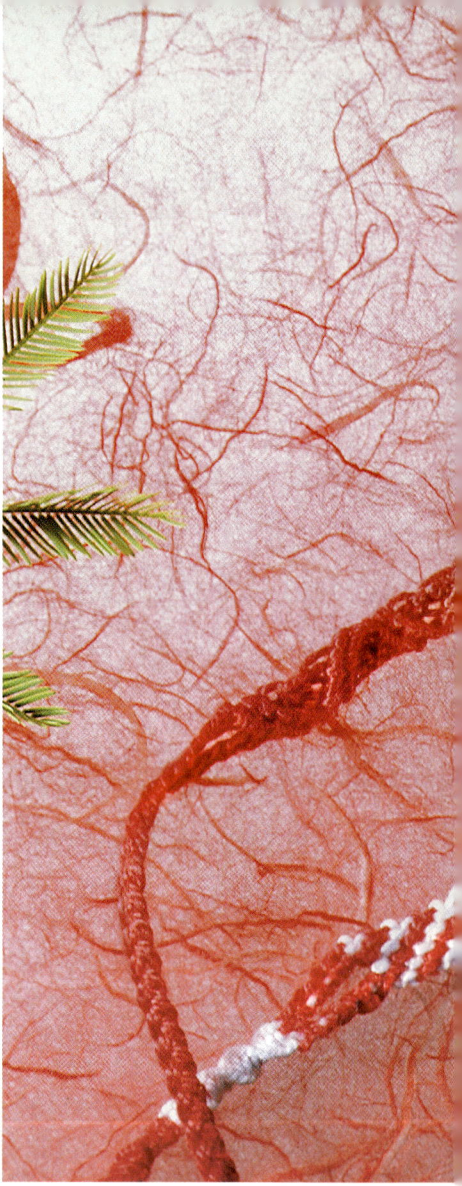

Rot-weißes Band

Je drei Fäden weißes und rotes Perlgarn

1. Alle Fäden mit einem Überhandknoten versehen. Aus zwei roten Knüpffäden über vier Leitfäden 2 cm Wellenknoten arbeiten. Danach die Knüpffäden zur Mitte legen und mit zwei weißen Knüpffäden weitere 2 cm Wellenknoten fertigen. Nun mit dem rechten roten Knüpffaden über zwei weiße Leitfäden drei Schlingenknoten gegenseitig arbeiten. Mit dem linken roten Faden über einen weißen und einen roten Leitfaden vier Schlingenknoten gegenseitig ausführen.
2. Mit dem rechten weißen Faden als Leitfaden schräg nach links unten je einen roten, weißen, roten, weißen und roten Rippenknoten arbeiten.

3. Die weitere Ausführung entspricht dem schwarz-weißen Band und dem sechsfarbigen Band auf Seite 8/9, es werden jedoch jeweils fünf Rippenknotenreihen untereinander geknüpft.
4. Abschluß wie Beginn (Punkt 1), jedoch in umgekehrter Reihenfolge arbeiten.

Gelb-braunes Band

Je zwei gelbe und braune gewachste Schnüre oder Lederbänder
Drei Oliven, 10 mm lang

1. Mit einem Überhandknoten beginnen, 7 cm Rundkordel knüpfen und zwei Weberknoten aus gelben Knüpf- und braunen Leitfäden arbeiten.
2. Einen Feigenknoten (5 x schlingen) knüpfen. Da der Feigenknoten immer mit einem Weberknoten beginnt und endet, befinden sich somit drei Weberknoten untereinander. Die Leitfäden durch eine Olive ziehen und die gelben Knüpffäden um die Olive spannen.
3. Muster zweimal wiederholen. Mit einem Feigenknoten, zwei Weberknoten, 7 cm Rundkordel und einem Überhandknoten abschließen.

Gelb-braunes Hair-Wrap

Zwei Fäden gelbes Perlgarn, 1,8 m lang
Je ein Faden hellbraunes und schwarzes Perlgarn, 1,8 m lang
Fünf braune Holzperlen, ø 8 mm
Gelbe Federn

1. Den braunen Faden halbieren, eine Schlinge legen und die restlichen drei Fäden daran einhängen (siehe Zeichnung). Ein Ende der eingehängten Fäden sollte 5–10 cm lang sein.

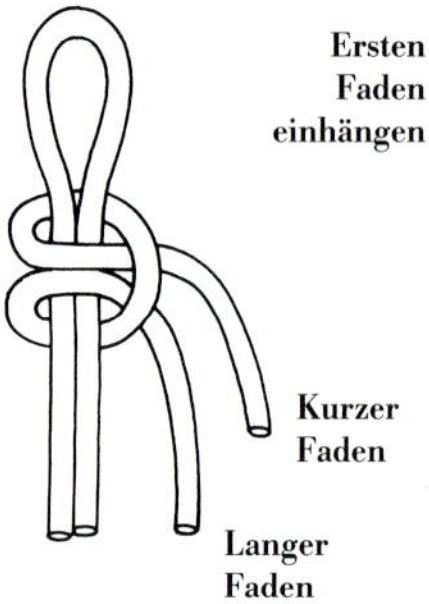

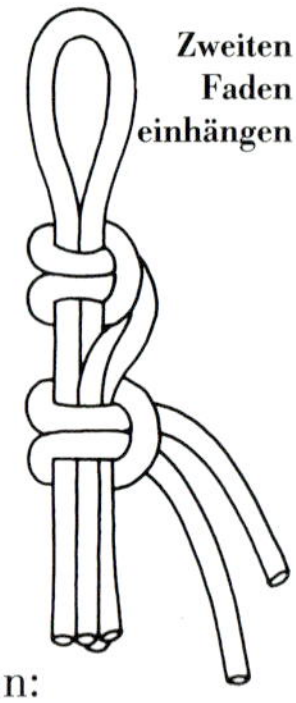

Die Muster wechseln zwischen:
a) Band mit zwei Fäden gleichzeitig umwickeln.
b) Mit einem Faden Schlingenknoten über drei Fäden arbeiten.
c) Band mit einem Faden umwickeln, in einer Kontrastfarbe einen Faden spiralförmig zum Ende des eben gewickelten Fadens führen und wieder zurück.
d) Weberknoten mit kleinen Zwischenräumen zwischen den einzelnen Knoten ausführen.
e) Schlingenknoten gegenseitig knüpfen. Dazwischen nach unterschiedlichen Abständen alle vier Fäden durch die Holzperlen ziehen.
2. Die Federn werden mit Schlingenknoten fest angeknüpft.
3. Alle Fäden abknoten und abschneiden.

Band mit Indianerperlen

Je zwei graue und weiße gewachste Schnüre oder Lederbänder
Je vier rote, gelbe und grüne Indianerperlen

1. Mit einem Überhandknoten beginnen. 5–6 cm Rundkordel knüpfen und mit einem Weberknoten aus zwei grauen Knüpf- und zwei weißen Leitfäden abschließen.
2. Eine grüne Indianerperle auf die Leitfäden ziehen, einen Weberknoten arbeiten, eine gelbe Perle aufziehen, einen Weberknoten arbeiten, eine rote Perle aufziehen und einen Feigenknoten knüpfen (5 x schlingen).
3. Punkt 2 wiederholen.
4. Eine rote Perle aufziehen, einen Weberknoten arbeiten, eine gelbe Perle aufziehen, einen Weberknoten arbeiten, eine grüne Perle aufziehen, einen Feigenknoten arbeiten (5 x schlingen).
5. Punkt 4 wiederholen und den Abschluß gemäß Punkt 1 arbeiten, jedoch gegengleich knüpfen.

Hair-Wrap mit Indianerperlen

Je sieben gelbe, rote und grüne Indianerperlen
1 Faden weißes Perlgarn, 0,6 m lang
1 Faden graues Perlgarn, 1,8 m lang

1. Die beiden Fäden auf die Mitte legen, so daß jetzt vier Knüpffäden vorliegen. Eine kleine Schlinge lassen und mit zwei

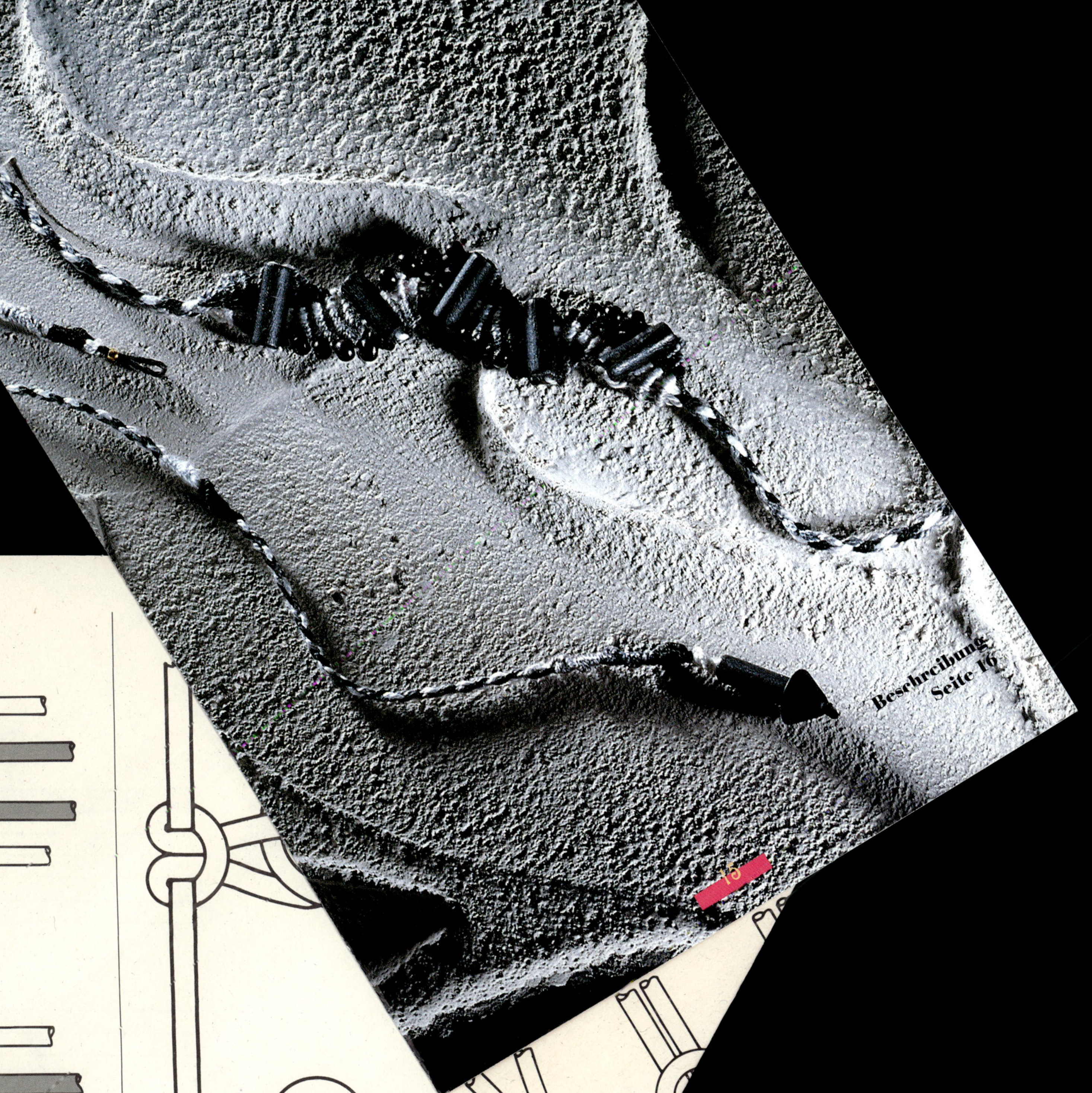

Beschreibung
Seite 16

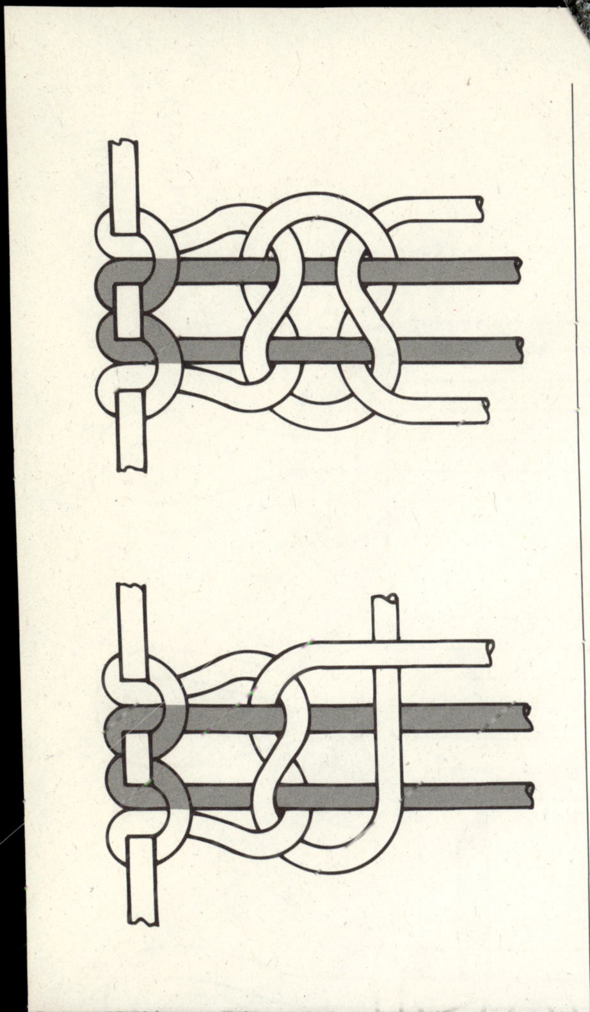

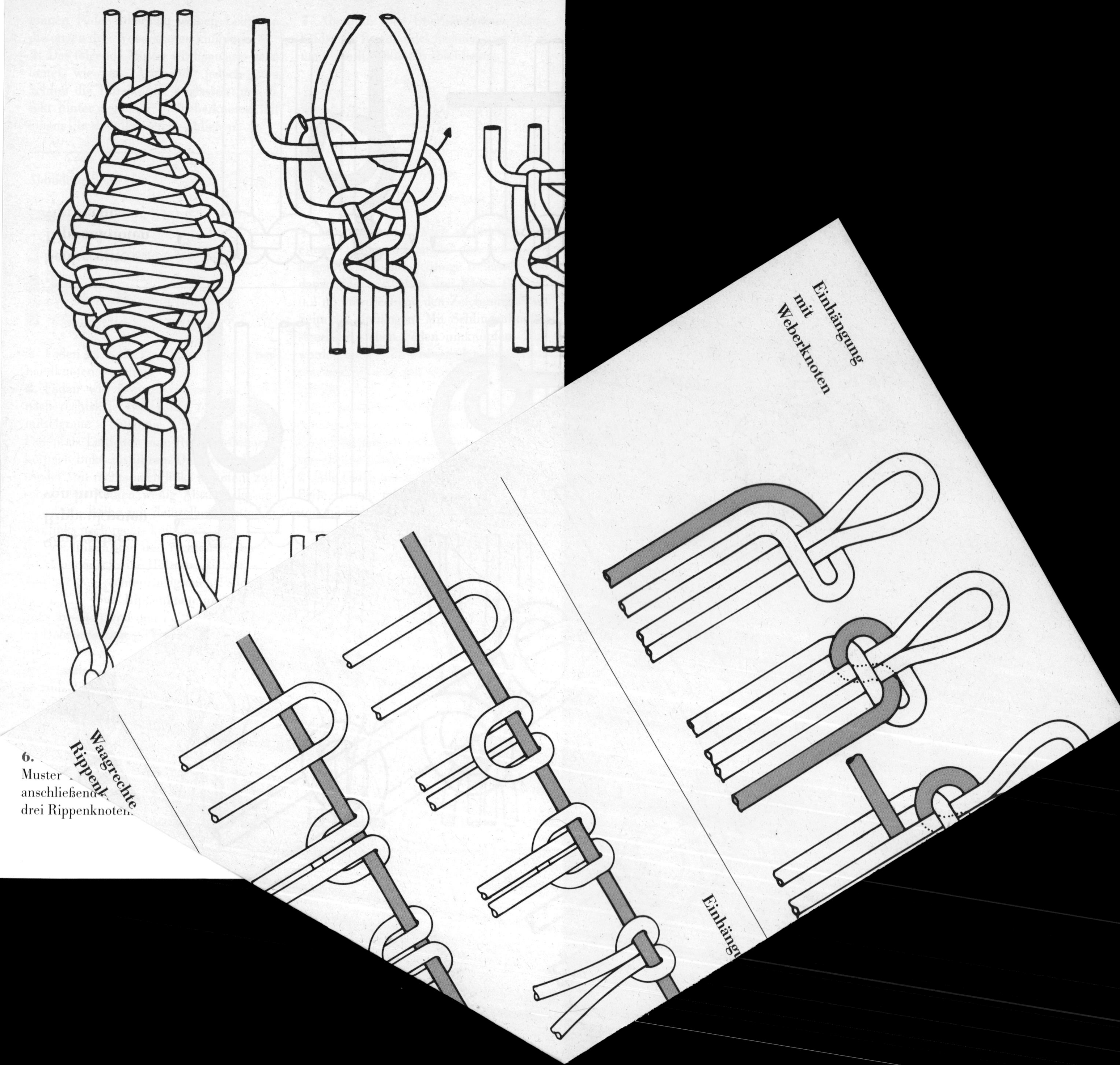

6.
Muster
anschließend
drei Rippenknoten.

penknoten knüpfen. Zweite Reihe: mit dem rechten weißen Faden als Leitfaden vier Rippenknoten fertigen. Dritte Reihe: hellblauer Leitfaden, drei Knoten. Vierte Reihe: hellblauer Leitfaden, zwei Knoten. Fünfte Reihe: dunkelblauer Leitfaden, ein Knoten.

4. Auf den linken weißen Faden eine Holzperle ziehen und über diesen Faden als Leitfaden schräg nach rechts unten fünf Rippenknoten ausführen. Diesen Arbeitsschritt zweimal wiederholen und mit einer weiteren Rippenknotenreihe abschließen.

5. Über den rechten hellblauen Faden als Leitfaden schräg nach links unten fünf Rippenknoten ausführen und auf den rechten Faden eine Holzperle ziehen. Diesen Arbeitsschritt zweimal wiederholen und mit einer weiteren Rippenknotenreihe abschließen.

6. Punkt 5 fünfmal wiederholen, jedoch im Wechsel nach rechts bzw. nach links knüpfen.

7. Weitere drei Rippenknotenreihen arbeiten und jeweils eine Perle aufziehen. Mit dem Faden, auf den die letzte Perle genommen wurde, über den nächsten Faden als Leitfaden einen senkrechten Rippenknoten arbeiten. Auf den nächsten Leitfaden zwei Rippenknoten, auf den dritten Leitfaden drei Rippenknoten, auf den vierten Leitfaden vier Knoten und auf den fünften Leitfaden fünf Knoten knüpfen.

8. Abschluß: Aus allen Fäden ein Band flechten und mit einem Überhandknoten abschließen. Den Überhandknoten zu Beginn des Bandes lösen. Ebenfalls ein Band flechten und mit einem weiteren Überhandknoten enden.

Band mit Holzscheibe

- Vier beigefarbene Lederbänder
- Vier schwarze Holzoliven, 15 mm lang
- Eine schwarze Holzscheibe, ø 30 mm, mit Loch

1. Aus allen vier Fäden einen Überhandknoten fertigen. Aus zwei Knüpf- und zwei Leitfäden sechs Weberknoten ausführen. Knüpffäden austauschen, d.h., die bisherigen Knüpffäden zur Mitte legen und mit den vorherigen Leitfäden weiterknüpfen. Weitere fünf Weberknoten arbeiten.

2. Einen Feigenknoten ausführen (9 x schlingen).

3. Mit den mittleren beiden Fäden zwei Kettknoten fertigen. Die Knüpffäden jeweils durch eine Olive ziehen und aus allen vier Fäden einen Weberknoten arbeiten.

4. Die beiden Leitfäden über die Holzscheibe durch das Loch hinter die Scheibe führen. Die beiden Knüpffäden hinter die Scheibe und durch das Loch vor die Scheibe legen.

5. Punkt 1 bis 3 spiegelbildlich wiederholen.

Blau-weißes Band mit Indianerperlen

Vier Fäden weißes, drei Fäden dunkelblaues und zwei Fäden hellblaues Perlgarn
Je fünf hellblaue und weiße Indianerperlen

1. Alle Fäden mit einem Überhandknoten versehen und ca. 5–6 cm flechten. Aus sieben Leitfäden und zwei Knüpffäden einen Weberknoten fertigen.
2. Aus den vier linken weißen Fäden fünf Weberknoten, aus den vier rechten Fäden (zwei dunkelblaue Leitfäden, je ein hell- und dunkelblauer Knüpffaden) ebenfalls fünf Weberknoten ausführen. Nun bleibt ein hellblauer Faden in der Mitte, auf den die beiden Indianerperlen gefädelt werden.
3. Dieser Faden wird der Leitfaden für die erste waagrechte Rippenknotenreihe (drei dunkelblaue und ein hellblauer Knoten). Dicht anschließend über die vier weißen Leitfäden vier weitere Rippenknotenreihen fertigen. Dabei jeweils den Leitfaden der vorhergehenden Reihe mit anknüpfen, so erhält jede Reihe einen Knoten mehr. Aus zwei Knüpf- und sieben Leitfäden einen Weberknoten ausführen.
4. Nun liegen die vier weißen Fäden rechts, daneben die hellblauen und links außen die dunkelblauen. Das Muster von Punkt 2 und 3 viermal wiederholen, jedoch bei jeder Wiederholung gegengleich zum vorherigen Muster knüpfen.
5. Abschluß: Da die Fäden zum Flechten zu sehr gespannt werden müssen, werden zunächst pro Farbe noch ein bis zwei Schlingenknoten gegenseitig gearbeitet. Erst danach wird geflochten und abgeknotet.

Band mit bordeauxfarbenen Oliven

Je zwei weiße, pinkfarbene und bordeauxfarbene gewachste Schnüre oder Lederbänder
Vier bordeauxfarbene Oliven, 5 mm lang

1. Alle Fäden nach ca. 13 cm mit einem Überhandknoten zusammenfassen.
2. Je zwei Fäden von links nach rechts wie folgt anordnen: weiß – pink – bordeaux.
3. Über die beiden pinkfarbenen Fäden als Leitfäden von der Mitte schräg nach außen je zwei Rippenknoten knüpfen. Die beiden mittleren Fäden (weiß und bordeaux) miteinander verschlingen und die Rippenknotenraute mit den gleichen Leitfäden schräg zur Mitte hin wieder schließen (je zwei weiße und bordeauxfarbene Knoten).
4. Die beiden Leitfäden durch eine Olive ziehen und beidseitig jeweils mit dem äußeren Faden als Knüpf- und dem inneren als Leitfaden drei Schlingenknoten gegenseitig ausführen.
5. Muster von Punkt 3 und 4 wiederholen, jedoch jeweils von der Mitte nach außen und wieder zur Mitte zwei Rippenknotenreihen untereinander knüpfen.
6. Das Muster von Punkt 3 und 4 mit je drei Rippenknotenreihen (Raute) untereinander arbeiten.
7. Muster wieder mit zwei Reihen knoten.
8. Muster mit einer Reihe fertigen.
9. Abschluß: Den Überhandknoten lösen, beidseitig ca. 6 cm flechten und mit einem Überhandknoten die Fäden zusammenhalten.

Hair-Wrap mit Keramikoliven

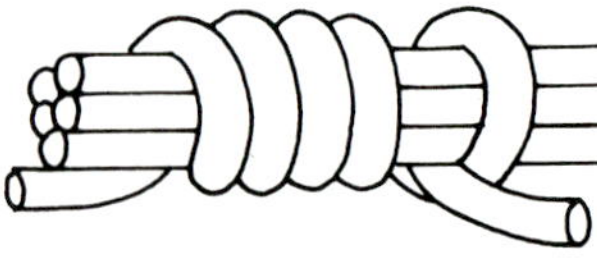

Umwickeln

Je eine weiße, pinkfarbene, bordeauxfarbene und beigefarbene gewachste Schnur oder dünne Lederbänder
Zwei Keramikoliven, ø 10 mm

1. Die pinkfarbene Schnur zur Mitte legen, die weiße mit einem Weberknoten anknüpfen und mit der bordeauxfarbenen umwickeln. Nun mit der pinkfarbenen Schnur alles umwickeln, dann mit der weißen und wieder mit der pinkfarbenen. Die beigefarbene Schnur unterhalb des Weberknotens mitteln und straff um die bereits umwickelten Abschnitte legen, dabei mehrfach überkreuzen.

2. Sämtliche Fäden durch eine Olive ziehen. Das Muster nach Belieben fortsetzen. Mit einem Überhandknoten enden. Nicht vergessen, nach den einzelnen Umwicklungen den Wickelfaden durch die letzte Umwicklung zu ziehen (siehe Zeichnung).

Lederband mit roten Holzperlen

Ein rotes und zwei beigefarbene Lederbänder oder gewachste Schnüre
Sechs rote Holzperlen, ø 6 mm

1. Mit dem roten Band zwei Schlingenknoten nach ca. 2 cm knüpfen. Mit den beigefarbenen Bändern acht Weberknoten arbeiten, dabei zwischen den Knoten etwas Abstand lassen.
2. Mit dem rechten beigefarbenen Faden als Leitfaden je einen beigefarbenen und roten Rippenknoten schräg nach links unten knüpfen und direkt darunter die zweite Reihe: je einen roten und beigefarbenen Rippenknoten. Auf das rechte rote Band eine Holzperle ziehen.
3. Nun mit dem linken beigefarbenen Band schräg nach rechts unten je einen beigefarbenen und roten Rippenknoten arbeiten. Direkt darunter je einen roten und beigefarbenen Rippenknoten fertigen. Mit allen drei Bändern einen Weberknoten ausführen.
4. Muster gemäß Punkt 2 und 3 fünfmal wiederholen, jedoch bei der letzten Wiederholung keinen Weberknoten mehr knüpfen.
5. Abschluß wie Punkt 1, jedoch gegengleich.

Rot-weißes Band

Vier rote und zwei weiße gewachste Schnüre oder dünne Lederbänder

1. Nach ca. 12 cm einen Überhandknoten aus allen sechs Fäden fertigen.
2. Je zwei Fäden wie folgt anordnen: rot – weiß – rot.
3. Aus den beiden weißen Fäden einen Rippenknoten ausführen. Mit diesen beiden Fäden als Leitfäden jeweils schräg nach außen je zwei rote Rippenknoten knüpfen. Die zweite Reihe dicht daruntersetzen: wieder von der Mitte nach außen je einen roten und weißen Rippenknoten arbeiten.
4. Über den roten Leitfaden schräg nach innen einen weißen und einen roten Rippenknoten, dicht darunter wieder von außen nach innen je zwei rote Rippenknoten ausführen.
5. Punkt 3 und 4 sechsmal wiederholen.
6. Den Überhandknoten lösen, beidseitig 6 cm flechten und mit einem Überhandknoten sichern.

Lederband mit beigefarbenen Keramikperlen

Je zwei beigefarbene und rote Lederkordeln
Sieben beigefarbene, flache Keramikperlen

1. Mit einem Überhandknoten beginnen und 6–7 cm Rundkordel flechten.
2. Zwei Weberknoten aus zwei roten Knüpf- und zwei beigefarbenen Leitfäden knüpfen.
3. Die Knüpffäden zur Mitte legen, Leitfäden dahinterlegen und einen beigefarbenen Weberknoten arbeiten. Auf die Leitfäden eine Perle ziehen und wieder einen beigefarbenen Weberknoten ausführen.
4. Leitfäden nach oben legen, ca. 0,5 cm Abstand lassen und einen roten Weberknoten fertigen. Eine Perle auf die Leitfäden ziehen und wieder einen roten Weberknoten knüpfen. Dieses Muster dreimal wiederholen, jedoch zum Schluß keine Perle mehr aufziehen.
5. Punkt 3 einmal wiederholen.
6. Abschluß mit Rundkordel und Überhandknoten.

Rundkordel

Je zwei Fäden Perlgarn in Weiß, Schwarz, Grau und Rost, jedoch nur 0,5 m lang

1. Mit allen Fäden einen Überhandknoten ausführen.

2. Rundkordel flechten (siehe Seite 4) und in der gewünschten Länge wieder abknoten.

Rostfarbenes Band

Zehn rostfarbene Fäden Perlgarn
Acht flache Keramikscheiben, ø 1 mm
Drei flache Keramikscheiben, ø 1,5 mm

1. Alle Fäden nach ca. 15 cm mit einem Überhandknoten zusammenfassen.
2. Die Fäden in zwei Gruppen à fünf Fäden teilen.
3. Von der Mitte schräg nach links bzw. rechts unten jeweils eine waagrechte Rippenknotenreihe à vier Knoten knüpfen. Dicht darunter je zwei weitere Rippenknotenreihen arbeiten.
4. Auf den ersten und zehnten Faden jeweils eine Keramikscheibe ziehen. Die restlichen 2 x 4 Fäden miteinander verschlingen.
5. Von außen zur Mitte jeweils drei Rippenknotenreihen à vier Knoten ausführen.
6. Die beiden mittleren Fäden durch eine Keramikscheibe ziehen. Die restlichen 2 x 4 Fäden spannen.
7. Punkt 3 bis 6 dreimal wiederholen. Bei der letzten Wiederholung Punkt 6 entfallen lassen.
8. Abschluß: Aus je fünf Fäden eine Kordel in die gleiche Richtung drehen, die rechte Kordel auf die linke legen und miteinander verdrehen. Mit einem Überhandknoten abschließen.

Beschreibung Seite 26

Abbildung Seite 25:

Schwarz-weißes Band mit Keramikscheiben

Je zwei weiße und schwarze Lederbänder oder gewachste Schnüre
Zwei schwarzgeflammte Keramikscheiben, ø 15 mm
Eine schwarzgeflammte Keramikolive, 25 mm lang

1. Aus allen vier Fäden einen Überhandknoten ausführen. 6 cm Rundkordel flechten und einen Weberknoten aus zwei weißen Knüpf- und zwei schwarzen Leitfäden arbeiten.
2. Die schwarzen Leitfäden nach oben legen, die weißen Fäden dahinter, und einen schwarzen Weberknoten knüpfen. Die schwarzen Knüpffäden wieder nach oben legen, die weißen Fäden dahinter, und einen Weberknoten aus zwei weißen Knüpffäden fertigen.
3. Punkt 2 zweimal wiederholen. Alle Fäden durch eine Scheibe, eine Olive und wieder eine Scheibe ziehen. Vorhergehendes Muster wiederholen.
4. Abschluß wie Punkt 1, jedoch gegengleich arbeiten.

Schwarz-weißes Band

Je zwei weiße und schwarze Lederbänder oder gewachste Schnüre

1. Aus allen vier Fäden einen Überhandknoten arbeiten und 6–7 cm Rundkordel flechten.
2. Einen Weberknoten aus je einem weißen und schwarzen Knüpffaden ausführen. Über einen schwarzen Leitfaden mit einem weißen Knüpffaden drei Schlingenknoten gegenseitig und über einen weißen Knüpffaden drei schwarze Schlingenknoten gegenseitig knüpfen (Leitfäden innen – Knüpffäden außen). Einen Weberknoten ausführen.
3. Nun wird der äußere Faden jeweils zum Leitfaden und mit den inneren Fäden werden je drei Schlingenknoten gegenseitig gearbeitet. Punkt 2 und 3 ca. dreieinhalbmal wiederholen und mit einem Weberknoten abschließen.
4. Als Abschluß wird wieder eine Rundkordel geflochten, die mit einem Überhandknoten zusammengehalten wird.

Beige-braunes Band mit Holzoliven

Je zwei beigefarbene, hell- und dunkelbraune gewachste Schnüre oder dünne Lederbänder
Sieben braune Holzoliven, 5 mm lang

1. Mit allen Fäden nach ca. 15 cm einen Überhandknoten fertigen.
2. Fäden wie folgt anordnen (von links nach rechts): 1 x dunkelbraun – 2 x hellbraun – 2 x beige – 1 x dunkelbraun.
3. Mit dem linken dunkelbraunen Faden als Leitfaden eine waagrechte Rippenknotenreihe schräg nach rechts unten knüpfen. Die zweite Reihe dicht anschließend mit dem hellbraunen Leitfaden ausführen (ein

hellbrauner – zwei beigefarbene – zwei dunkelbraune Rippenknoten).

4. Auf den Leitfaden eine Olive ziehen. Mit dem linken hellbraunen Faden als Knüpffaden vier senkrechte Rippenknoten nach rechts knüpfen. Mit dem gleichen Knüpffaden wieder nach links vier weitere senkrechte Rippenknoten arbeiten, dabei die Leitfäden wie auf der Abbildung spannen. Über den durch die Olive gezogenen Faden als Leitfaden eine waagrechte Rippenknotenreihe schräg nach links ausführen, dicht unter die senkrechten Rippenknoten setzen. Die zweite Reihe von rechts nach links dicht anschließen.

5. Auf den Leitfaden eine Olive ziehen. Mit dem rechten dunkelbraunen Faden als Knüpffaden vier senkrechte Rippenknoten nach links arbeiten und dann wieder nach rechts.

6. Punkt 3 bis 5 zweimal wiederholen.

7. Punkt 3 und 4 nochmals ausführen.

8. Abschluß: Den Überhandknoten lösen und beidseitig ein Band flechten, das mit einem Überhandknoten fixiert wird.

Band mit schwarzen Holzperlen

Acht Fäden beigefarbene Baumwollkordel
Sechs schwarze Holzperlen, ø 3 mm
Vier schwarze Holzperlen, ø 6 mm

1. Alle Fäden nach ca. 15 cm mit einem Überhandknoten zusammenfassen, nach Punkt 4 wieder lösen.
2. Auf die beiden mittleren Fäden eine große Holzperle ziehen. Mit dem äußeren rechten Faden drei Schlingenknoten gegenseitig über die zwei danebenliegenden Leitfäden arbeiten. Mit dem linken äußeren Faden ebenso drei Knoten über die beiden danebenliegenden Leitfäden fertigen.
3. Von der Mitte schräg nach außen je drei Rippenknoten arbeiten. Dicht darunter zwei weitere Rippenknotenreihen knüpfen, dabei jeweils den Leitfaden der vorherigen Reihe an die folgende mit anknüpfen. Auf die beiden letzten Leitfäden je eine kleine Holzperle ziehen. Die mittleren sechs Fäden miteinander verweben und von außen schräg zur Mitte je drei weitere Rippenknotenreihen fertigen. Eine große Holzperle auf die beiden mittleren Leitfäden ziehen.
4. Punkt 3 zweimal wiederholen.
5. Der Abschluß wird wie der Anfang geknüpft. Je 6 cm Rundkordel flechten und mit einem Überhandknoten abschließen.

Hair-Wrap mit Federn

Zwei beigefarbene Baumwollfäden, je 4,0 m lang
Vier Holzoliven, 25 mm lang
Fünf schwarze Perlen, ø 6 mm
Drei schwarze Federn

1. Die beiden Fäden zur Mitte legen, eine kleine Schlinge bilden und aus je zwei Knüpf- und Leitfäden einen Weberknoten knüpfen.
2. 4 cm Wellenknoten arbeiten. Die beiden Leitfäden durch eine Perle ziehen, die Knüpffäden um die Perle legen und mit fünf Wellenknoten fixieren. Alle Fäden durch eine Olive ziehen, fünf Wellenknoten arbeiten und eine Perle auf die Leitfäden ziehen. Muster beliebig fortsetzen. Dabei drei Oliven und zwei weitere Perlen einarbeiten.
3. Die Federn spitz zuschneiden, wenig Klebstoff auftragen und mit dem längsten Baumwollfaden straff umwickeln. Die drei mittleren Fäden abschneiden. Auf den Knüpffaden eine Perle ziehen und mit einem Überhandknoten fixieren.

Die auf Seite 32 abgebildeten Bänder sind sehr einfache Bänder, die auch von Anfängern in ca. 15 Minuten geknüpft werden können.

Kettknotenband

Je zwei beigefarbene und grüne Leder- oder Textilbänder

1. Aus allen vier Fäden einen Überhandknoten fertigen.
2. 6 cm Rundkordel flechten.
3. Nun liegen links (oder rechts) zwei beigefarbene und rechts (oder links) zwei grüne Fäden. Aus je einem beigefarbenen und einem grünen Knüpffaden über zwei Leitfäden zwei Weberknoten ausführen.
4. Aus je zwei grünen bzw. zwei beigefarbenen Fäden jeweils drei Kettknoten knüpfen.

5. Punkt 3 und 4 zweimal wiederholen, jedoch beim letzten Weberknoten den zweiten Teil weglassen, also nur von rechts den halben Weberknoten (= Wellenknoten) arbeiten.

6. Jetzt liegen die grünen Fäden links und die beigefarbenen Fäden rechts (bzw. gegengleich).

7. Nun das Muster von Punkt 3 und 4 je dreimal wiederholen. Danach Punkt 2 und 1 ausführen.

Weberknotenband

Je zwei beigefarbene und grüne Leder- oder Textilbänder

1. Einen Überhandknoten arbeiten und anschließend 6 cm Rundkordel flechten.

2. Die grünen Fäden als Leitfäden in die Mitte nehmen und mit den beigefarbenen Fäden einen Weberknoten knüpfen.

3. Leitfäden vertauschen, d. h., mit den grünen Knüpf- und den beigefarbenen Leitfäden den nächsten Knoten ausführen. Zwischen den Knoten jeweils einen kleinen Abstand einhalten.

4. Je nach gewünschter Länge beliebig oft wiederholen, nach jedem Knoten die Fäden vertauschen.

5. Als Abschluß Punkt 1 gegengleich arbeiten.